课本里学不到的

疯狂科学实验

观察与体验

段伟文　主编

中国科学技术出版社

·北 京·

图书在版编目(CIP)数据

课本里学不到的疯狂科学实验. 观察与体验 / 段伟文主编. -- 北京：中国科学技术出版社，2022.10

ISBN 978-7-5046-9800-1

Ⅰ.①课… Ⅱ.①段… Ⅲ.①科学实验—青少年读物 Ⅳ.①N33-49

中国版本图书馆CIP数据核字（2022）第164766号

前言

　　科学素质是公民素质的重要组成部分，也是少年儿童成长为合格公民的必备素质。科学素质的基础是了解必要的科学技术知识，掌握基本的科学方法，树立科学思想，崇尚科学精神。科学素质的培养要从娃娃抓起，为了成长为建设创新型国家的主力军，广大少年儿童不仅要掌握必要的和基本的科学知识与技能，还要积极开展各种生动有趣的科学实验，从中体验科学探究活动的过程，培养良好的科学态度、情感与价值观，将自己造就为具有创新意识、探究兴趣和实践能力的有用之才。

　　科学探究的动力来自人们对自然界与生俱来的好奇心。边缘长满小齿的草叶让鲁班发明了锯，头顶上的浩瀚星空使托勒密和哥白尼想到了宇宙体系，对教堂里吊灯微微摆动的关注使伽利略发现了单摆的等时性，对苹果落地的好奇让牛顿找到了万有引力，对孵小鸡都感到新奇的好奇心让爱迪生给人类带来了电灯、留声机等数以千计的发明。利用自然的力量造福人类的理想，为我们带来了日新月异的科技文明。作为现代文明标志的电话、电视、汽车、计算机，无一不是科技的力量与人类的目标相结合的产物；绿色能源、深海潜水、载人航天的成功，无一不是创新与人类的需要相互激荡的结果。

　　科学并不神秘，更没有什么代表科学力量的"魔法石"，科学的本质在于好奇心和造福人类的理想驱使下的探索和创新。大自然喜欢隐藏她的奥秘，往往不直接回应我们的追问，但只要善于思考、勤于动手、大胆假设、小心求证，每个人都能像科学大师一样——用永无止境的探索创新来开创人类的文明。

　　小朋友，快快翻开这套书，用你们与生俱来的好奇心和造福人类的纯真理想开创一条探索创新之路吧！

目 录

留下银河系的倩影

　　在浩瀚的宇宙中，银河是最美丽的景致之一。朦胧的白色光带，从东北方向向西南方向划开整个天空，悠悠地"流过"。特别是夏天，有它点缀的星空尤为美丽动人。为什么银河看起来像光带一样呢？仔细观察一下用太空望远镜拍摄下来的照片就可以看出，银河是由为数极多的星群组成的。这些星群向四面八方散发着光和热。想想看，如果能拥有一张这样广袤的银河的照片，怎能不令人惊喜！下面的实验将告诉你如何为美丽的银河留下倩影。

马上就要拍照了，来，笑一个！

· 探索主题 ·

怎样给银河系拍照

提出假说

银河系是由许多星群组成的。

搜集资料

在图书馆或上网查找相关资料：银河系的面貌，我们的银河系。

实验材料

1. 一个小型赤道仪
2. 一个广角镜头
3. 几卷 400 度的感光胶卷
4. 一部单眼相机
5. 一本星图

安全提示

晚上拍摄时，要多穿些衣服，以免着凉。

·实验设计·

通过小型赤道仪和广角镜头等摄像器材给银河系拍照，我们可以得知银河系是由人马座、天蝎座等星座组成的。

·实验程序·

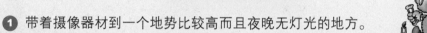

1. 带着摄像器材到一个地势比较高而且夜晚无灯光的地方。
2. 黄昏时先将赤道仪大概对准北方。
3. 将广角镜头装在相机上，然后将相机固定在赤道仪上。
4. 到夜幕降临、群星闪烁时，参照星图，找到人马座和天蝎座的位置，它们是银河系的中心。
5. 将镜头对准人马座和天蝎座的位置，把光圈调到F2.8(焦距为2.8)，曝光时间为30分钟。
6. 再分别拍摄曝光时间为20分钟、10分钟和5分钟的银河系照片，并进行比较。
7. 记录上述实验的结果。

·实验数据·

实验日期	实验时间	曝光时间（分钟）	光圈	银河系的照片
		30		
		20		
		10		
		5		

分析讨论

1 银河系中有多少颗恒星？

2 你知道银河系有多大吗？

3 影响拍摄效果的因素有哪些？

发散思考

1 你知道我们在银河系中的位置吗？

2 为什么在银河系这个地方会群聚着大量的星星呢？

3 在银河系之外有没有其他星系呢？

知识档案

小问答：银河有多大？

太空广阔无垠，不可想象。天文学家一般用光速来计算距离。在真空空间中，光速约为3.0×10^5千米/秒。也就是说，太阳光需要8分钟才能穿过1.5×10^8千米的空间而抵达地球表面。

在天文学上，这样的距离实在是微不足道的。天文学家以光年为单位来计算天体之间的距离。光年也就是光在 年内所走的距离，大约为9.46×10^{12}千米。用这个单位来计算，银河系中最接近太阳的恒星与太阳之间的距离为4.22光年，整个银河系的直径大约为10万光年。此外，在银河以外的空间里，还有数不尽的其他星系在宇宙中运行。

我为什么要戴眼镜？

现在，越来越多的小朋友从很小就开始戴眼镜了。如果不戴眼镜的话，就会看不清一些细节，甚至眼前一片模糊。

看来，眼镜的功劳还是很大的，但你想过没有，为什么一戴上眼镜，本来模糊的东西就可以看清楚了呢？

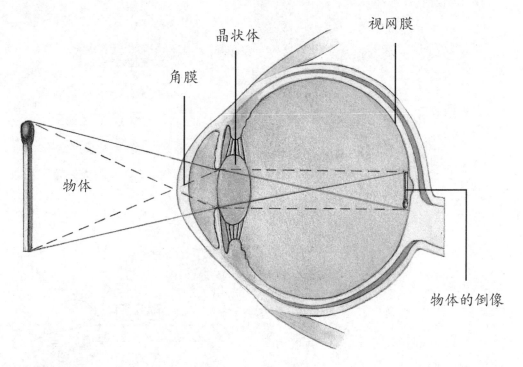

晶状体

视网膜

角膜

物体

物体的倒像

视网膜成像

当外界物体的光线经过角膜和晶状体时，光线发生折射，物体的倒像落在视网膜上（感光胶片成像的过程与此相同）。脑部视觉皮层再次将物像倒置，所以我们最终看到的物体是正向的。

·探索主题·

眼镜对视力的矫正

提出假说

　　人的眼睛就像一个透镜，来自外界物体的光线通过眼睛会聚到视网膜上，于是我们就看见了这个物体。感受来自不同距离物体的光线时，睫状体会牵动晶状体，使其变形，从而把光线准确地聚焦到视网膜上。

　　如果因为某些原因，人的晶状体等眼部组织功能失常，总是不能把光线完全会聚到视网膜上，那么看东西时就会模糊不清。如果给眼睛再额外加上一个透镜，帮助眼睛会聚光线，那么，人们就又可以看清楚东西了。

搜集资料

　　在图书馆或上网查找眼睛的结构、透镜成像等相关资料。

实验材料

1. 一副近视眼镜
2. 一副远视眼镜
3. 一副散光眼镜
4. 一副太阳镜

·实验设计·

　　到眼镜店或朋友那里去找几副眼镜，包括近视眼镜、远视眼镜、散光眼镜、太阳镜。通过对不同类型眼镜的观察，体会它们功能的相同点和不同点。

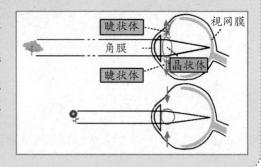

**安全提示**

玻璃眼镜片易碎，要小心拿放。

·实验程序·

① 到室外光线充足的地方，找一个清晰的目标，准备观察。
② 透过近视眼镜观察目标，和没戴眼镜时比较，目标的影像有何区别。
③ 透过远视眼镜观察目标，和没戴眼镜时比较，目标的影像有何区别。
④ 透过散光眼镜观察目标，和没戴眼镜时比较，目标的影像有何区别。
⑤ 透过太阳镜观察目标，和没戴眼镜时比较，目标的影像有何区别。

·实验数据·

眼 镜 类 型	近视眼镜	远视眼镜	散光眼镜	太阳镜
和无眼镜时观察结果比较				

分析讨论

① 从近视眼镜看到的图像变小了，为什么？

② 从远视眼镜看到的图像变大了，为什么？

③ 从散光眼镜看到的图像发生了形变，为什么？

④ 通过太阳镜看到的图像颜色发生了变化，为什么？

发散思考

1 凸透镜有什么功能?

2 凹透镜有什么功能?

3 近视眼镜和远视眼镜使用的分别是哪种透镜?

4 太阳镜和其他眼镜的功能相同吗?

你知道吗?

正确的眼睛保健法

■ 看电视时,应注意下列事项:

● 距离电视荧光屏至少2米;避免躺卧看电视;

● 室内电灯必须开着,荧光屏必须与视线保持平行或低于视线高度。

■ 使用电脑时,应注意下列事项:

● 电脑荧光屏应距离眼睛至少50厘米;

● 室内光线充足;

● 适时调整荧光屏,减少外来光线对眼睛的刺激。

■ 阅读时,应注意下列事项:

● 书本与眼睛的理想距离是30厘米,坐在椅子上的姿势要"正直";

● 确保室内光线充足,避免刺眼的光线直接照射在书本上或脸上;

● 选择字体较大的书籍,避免阅读那些字迹细小的书籍。

■ 为了避免患上近视,应做到:

● 饮食的营养均衡,每天睡眠至少8小时,让眼睛充分休息;

● 多参加户外活动,因为户外活动多数不属于"近距活动"。

另外,父母应每年带孩子至少进行一次视力检查。如果是近视患者,确保选择适合的眼镜,并经常清洗,保持干净。

你知道自己的主眼
是哪只眼睛吗？

在日常生活中，我们大多数人都习惯用右手拿取物品，与左手相比，右手往往更加灵活一些。但是也有少数人的左手比右手灵活，也就是我们常说的"左撇子"。据统计，全球人口中的10%左右是左撇子，有2/3的左撇子是男性。我们的眼睛也有左右之分，它们会不会也有主次之分呢？答案是肯定的。我们的双眼在外界光线的刺激下产生神经冲动，传递给脑部之后，大脑对两只眼睛产生的图像进行叠加处理。大脑对双眼产生的图像采用程度的不同，造成了两眼的主次之分。

找不到主眼没关系，别把你的眼睛撞成"花眼"了！

·探索主题·

人的眼睛是否与手一样，也有主次之分

提出假说

人的眼睛有主次之分。

搜集资料

查找有关眼睛和大脑的知识。

实验材料

一根直的长竹竿

安全提示

① 保持竹竿竖直。

② 在测试时，受试者应该一直保持双眼睁开。

·实验设计·

人的双眼注视某一物体，常常以主眼看到的图像作为标准。如果只用主眼去观察这一物体，与我们双眼看到的情形是一样的。但是如果用另外一只眼睛再去观察这一物体，往往会产生偏差。

实验程序

1. 将长竹竿竖直立于受试者正前方3米处。

2. 受试者在双眼睁开的时候，用食指对准长竹竿（参见图1）。

图1

3米

3. 受试者保持不动，闭上左眼，用右眼观察，看一看你的食指是否仍然对准竹竿。记录实验结果。

4. 受试者睁开左眼，闭上右眼，看一看你的食指是否仍然对准竹竿（参见图2）。记录实验结果。

图2

3米

5. 让你的同学做同样的测试，然后分别记录他们的主眼。

实验结果

如果你单用右眼看，手指仍能准确地指着竹竿，说明你的主眼是右眼；那么，在你单独使用左眼观察竹竿时，就必须把手指向左移，才能对准竹竿。如果你单用左眼看，手指仍能准确地指着竹竿，说明你的主眼是左眼；那么，在你单独使用右眼观察竹竿时，就必须把手指向右移，才能对准竹竿。

分析讨论

1. 计算一下班里主眼是左眼的同学的比例。

2. 讨论人的主眼和次眼哪一个对视觉的形成更重要。

发散思考

1 如果你的主眼是左眼，你知道自己大脑的哪个半球更发达吗？

2 如果一个人是左撇子，你是否可以推断他的主眼也是左眼呢？

3 你觉得主眼与主力手两者存在必然的联系吗？

4 如果一个人是左撇子，或者左眼是主眼，是否可以通过训练来改变呢？

5 想一想，运动员和科学家相比，谁的左脑更发达？

你知道吗？

　　我们知道人类的生命活动都是在神经系统的支配下完成的。而大脑是人体最重要的神经器官，它可以分为左右两个半球。人的大脑左半球支配右半身的活动，具有处理语言及进行抽象思维、逻辑推理、数字运算、分析等功能；右半球支配左半身的活动，是处理总体形象、空间概念，鉴别几何图形、识别记忆音乐旋律和进行模仿的中枢。一般情况下，左脑抽象思维功能较发达，右脑形象思维功能较发达。

加速？减速？只有我知道！

伽利略说：在封闭的汽车或轮船中，由于没有参照物，你无法判断汽车或轮船是静止还是在匀速运动。今天，我们就用一个"摆"来判定汽车是在加速还是减速，这是在已知车行方向的前提下进行的！

现在外面什么也看不见，您是怎么知道火车在加速还是在减速呢？

这根线上的小环会告诉你的。

·探索主题·

加速运动、减速运动、惯性

搜集资料

到图书馆或上网查找加速运动、减速运动、惯性等知识。

提出假说

物体有保持静止和匀速直线运动状态的性质（惯性），直到有外力迫使它改变这种状态为止（牛顿第一定律）。将一挂有重物的摆悬挂在车顶，车匀速运动，摆呈竖直状态。车加速向前，摆由于惯性向后摆；反之，车减速，摆向前摆。

实验材料

① 汽车或火车

② 摆（重物、细线）

·实验设计·

用悬于车顶的摆判定车做变速运动的情况。观察摆的偏角和变速运动的关系。

1. 用一根细线将重物悬挂在汽车或火车上。
2. 判断行驶方向。
3. 观察车子启动时重物的摆动方向是否与行驶方向相反（参见图1）。
4. 观察车子匀速行驶或静止时，吊重物的线是否竖直（参见图2）。
5. 观察车子减速刹车时，重物的摆动方向是否与行驶方向相同（参见图3）。

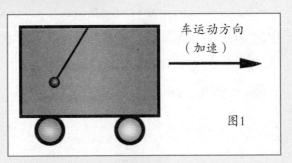

车运动方向（加速）

图1

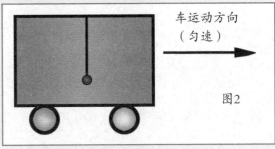

车运动方向（匀速）

图2

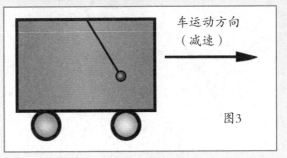

车运动方向（减速）

图3

· 实验数据 ·

行驶状态	重物摆动方向（与行驶方向比较）
启动	
匀速	
静止	
减速刹车	

分析讨论

1. 为什么车子启动时，重物的摆动方向与行驶方向相反？

2. 为什么车子匀速行驶或静止时，吊重物的线都是竖直的？

3. 为什么车子减速刹车时，重物的摆动方向与行驶方向相同？

4. 如果不知道行驶方向，你能否判断汽车是在加速还是在减速？

发散思考

1. 如图示，软木塞和铁块用短线连起，木塞悬浮在瓶子内的水中，你能根据软木塞的运动方向判断瓶子是在加速向哪边运动吗？

2. 如何用旋转的方法判断鸡蛋的生熟？

摩擦

摩擦给我们的生活带来了不少麻烦，例如鞋磨破了，汽车开动需要牵引力等。但是，摩擦也给我们带来不少方便，没有摩擦，你走不了路；没有摩擦，你拿不住东西；没有摩擦，你打不成结，当然包括"中国结"（多可惜！）。我们总是要一分为二地看待事物，既要利用它有利的一面，也要防止它有害的一面，关键是要研究清楚它的原理。

·探索主题·
摩擦

搜集资料
到图书馆或上网查找摩擦的有关资料。

提出假说
摩擦分为静摩擦、滑动摩擦和滚动摩擦。在相同条件下，滚动摩擦力比滑动摩擦力小得多。静摩擦力随外力的变化而变化。最大静摩擦力比滑动摩擦力要稍大。摩擦力的大小与接触面的粗糙程度有关，与正压力有关。

安全提示
使用玻璃制品和钻子时小心不要伤到手，须家长陪同操作。

实验材料
1. 一个牛奶瓶
2. 一些大米粒
3. 一根木筷
4. 一面贴有粗糙纸片的长方体木块
5. 圆柱体（作为滚子，在轴心处装有铁丝钩环）
6. 弹簧秤
7. 钻
8. 小木棒
9. 砝码

·实验设计·
通过用筷子提牛奶瓶；取一个滚动的圆柱形物体，用弹簧秤拉它，比较它静止不动、滑动、滚动等状态下的拉力大小；改变路面粗糙程度、压力大小，观察木块的移动等实验来体验摩擦的变化。

实验程序

[实验1]

在牛奶瓶里装满米粒，将一根木筷插至瓶底，观察筷子是否能拔出。如果能，再把筷子插入，振动瓶子将米粒舂（chōng）紧并用手指将米粒压实，然后再用手慢慢提起筷子，这时观察是否能连同瓶子一起提起（参见图1）。

图1

[实验2]

❶ 将长方体木块放在水平桌面上，在其中间系一个绳套，用弹簧秤勾住绳套，水平拉它，观察长方体运动之前弹簧秤的读数变化及最大值。

❷ 继续拉动，木块开始匀速移动，比较移动前后的弹簧秤读数大小。

❸ 把木块翻过来，将贴有粗糙纸片的一面与桌面接触，重复实验，观察，记录。

❹ 在木块上加上砝码，重复实验，记录。

❺ 把木块竖放，减小接触面积，重复实验，观察，记录。

[实验3]

❶ 用轴心处装有铁丝钩环的圆柱体做滚子，在圆柱体的一个断面钻一个小孔（参见图2），将小木棒插进小孔以使滚子无法转动，用弹簧秤拉动圆柱体在桌面上匀速滑动，读数，记录。

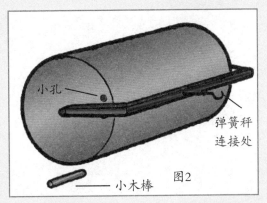

小孔

弹簧秤连接处

小木棒 　图2

❷ 把小木棒拔出，仍用弹簧秤拉着滚子进行匀速滚动，读数，记录。

·实验数据·

实验1

实验日期	观察到的现象
开始	
米粒春紧	

实验2

木块状态	弹簧秤读数
静止	
匀速移动	
粗糙面匀速移动	
加砝码匀速移动	
竖放移动	

实验3

滚子状态	弹簧秤读数
滑动	
滚动	

分析讨论

1 实验1说明什么？米粒为什么要春紧？

2 实验2说明静摩擦力与外力是什么关系？最大静摩擦力与滑动摩擦力谁大？滑动摩擦力大小与哪些因素有关？

3 实验3说明什么？

4 如何减少有害的摩擦？

5 如何增大有利的摩擦？

发散思考

马车的后轮为什么比较大？（提示：滚动物体的摩擦力跟半径成反比。）

观察瓶子的形变

用力捏橡皮可以使它变形；竹竿受力可以变弯；弹簧受力可以伸长或缩短。像这样，物体在力的作用下发生的形状改变叫作形变。有的形变明显，能够直接看到；有的形变很不明显，不能直接看到，只有用特殊的方法将形变的微小变化放大才能察觉。下面，我们来观察瓶子的形变。

· 探索主题 ·

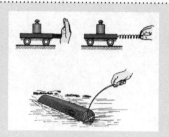

固体的形变

搜集资料

到图书馆或上网查找有关固体形变及椭圆、圆的面积的资料。

提出假说

毛细管横截面面积小，体积的微小变化能引起毛细管内液面的明显升降；相同周长，圆的面积最大。

实验材料

1. 一个900毫升的横截面为椭圆形的大号厚玻璃瓶
2. 红墨水、滴管
3. 一根毛细管
4. 橡皮塞（与玻璃瓶瓶口相配）

· 实验设计 ·

利用毛细管中液面的升降，显示瓶子的微小形变。

安全提示

玻璃易碎，要小心，注意稳拿轻放！

· 实验程序 ·

1. 取一只容量为900毫升的横截面为椭圆形的大号厚玻璃瓶，装满水。
2. 用滴管滴入几滴红墨水，使水变红，便于观察。
3. 取一根约30厘米长的毛细管，紧紧插入橡皮塞中，橡皮塞又紧紧塞住玻璃瓶瓶口（三者间不能有空隙），毛细管中显示一段高于橡皮塞的红色液柱（参见图1）。
4. 用双手的拇指和食指捏住瓶子的前后侧面（椭圆短轴方向），用力，观察毛细管的液面变化，松手，再观察，记录（参见图2）。
5. 再用双手的拇指和食指捏住瓶的左右侧面（椭圆长轴方向），用力，观察毛细管的液面变化，松手，再观察，记录。

图1

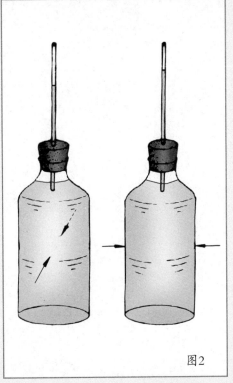

图2

· 实验数据 ·

用力部位	毛细管中液面变化
在瓶子的前后两侧用力	
松手	
在瓶子的左右两侧用力	
松手	

分析讨论

1 在瓶子的前后两侧用力，毛细管的液面如何变化？为什么？

2 在瓶子的左右两侧用力，毛细管的液面如何变化？为什么？

3 松手后，毛细管的液面恢复了原状，说明什么？

发散思考

1 为什么要用椭圆的大号瓶子？如果没有，能用装酒精的圆瓶子吗？效果有什么不同？

2 除此实验外，你还有什么方法"放大"微小变化吗？

3 物体没有弹性，振动就不会发生。敲一下瓶子，瓶子会发出"叮"的响声，这能证明瓶子有弹性吗？

齐心协力力量大

俗话说：人心齐，泰山移。在没有轮船的年代里，江河岸边有许多纤夫，正是他们的齐心协力，航船才能迎风破浪不断向前航行。在我们的学习和生活中，也经常有需要合作的时候，比如搬桌子、抬水等，我们常常会想，怎样合作才能够最省力呢？做一做下面的实验，也许能为你找到问题的答案。

每次遇到蚂蚁搬家的时候，我都被它们的齐心协力所感动，而我……

·探索主题·

合力与角度的关系

提出假说

两个力同向时，其合力最大。因此，提取重物时，方向相同最省力。

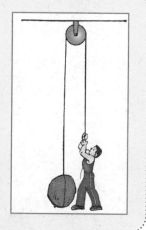

安全提示

防止橡皮筋弹射到眼睛。

实验材料

① 有一定宽度的重物（两侧可套系橡皮筋）

② 两根橡皮筋（同一规格，可多预备几根）

③ 横梁（用两个支架和一根直棒组成）

④ 直尺

·实验设计·

取一重物，用橡皮筋悬挂两边，改变橡皮筋两悬点的距离，研究什么时候橡皮筋最短（即最省力）。

实验程序

1. 取一个有一定宽度的重物，测量其宽度，两侧套系橡皮筋，如图示。

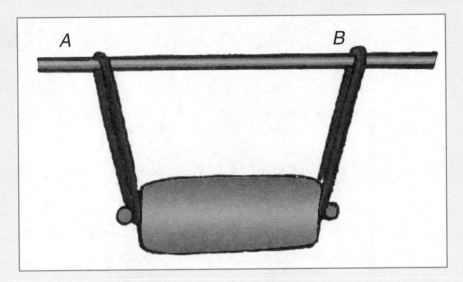

2. 橡皮筋穿在横梁上，可来回移动。
3. 改变横梁上两根橡皮筋的间距，观察并测量橡皮筋的长短变化。
4. 观察什么时候橡皮筋最短，比较橡皮筋的间距（A、B间的距离）和橡皮筋长度的关系。

· 实验数据 ·   重物宽度_____毫米

实验次数	两橡皮筋间距	橡皮筋的长度
1		
2		
3		
4		
5		

分析讨论

橡皮筋什么时候最短?

发散思考

如下图所示,在四种抓单杠的方法中,哪一种最省力?

让水爬坡

常言道：人往高处走，水往低处流。水不长脚，怎能爬坡？是不是视觉错误？绝对不是，而且，它仍遵循能量守恒规律。来，一起动手做一下实验吧！

· 探索主题 ·

能量守恒

搜集资料

到图书馆或上网查阅有关能量守恒和转换的知识。

提出假说

物体由于被举高而具有的能叫势能（与高度成正比）。物体由于运动而具有的能叫动能（与速度的平方成正比）。势能和动能可以相互转换。高度降低时，势能减少，动能增加，运动加快。反之，运动的物体的动能也能转变为势能，此时高度增加。

实验材料

1. 长 60 ～ 70 厘米，宽 15 ～ 20 厘米的塑料布（不能太软，牛皮纸、挂历纸也可以）
2. 4 厘米厚、20 厘米宽、高分别为 50 厘米、40 厘米、30 厘米、20 厘米的木块（可用砖块代替）
3. 水
4. 水杯
5. 水盆
6. 图钉

安全提示

不要在电器旁边玩水！防止触电！

· 实验设计 ·

制作高度逐渐降低的凹凸坡面，让水从最高处流下，观察水爬坡的情况。

实验程序

1 将高分别为50厘米、40厘米、30厘米、20厘米的木块A、B、C、D依次间隔10厘米等距排开。

2 取塑料布呈波浪形用图钉固定在木块上。波谷距地面距离分别为35厘米、25厘米、15厘米，即让水每次爬5厘米高的坡。

3 放水盆于木块D旁。

4 将水从木块A上方10厘米高处缓缓倒下，观察水流情况。

5 将水从木块A上方5厘米高处缓缓倒下，观察水流情况。

6 将水从木块A上方1厘米高处缓缓倒下，观察水流情况。

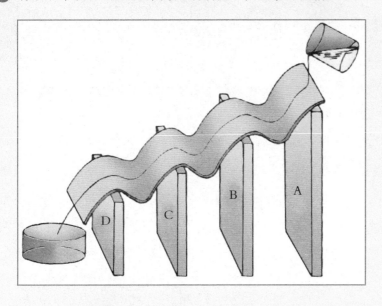

实验数据

水流初始高度	是否爬过坡B	是否爬过坡C	是否爬过坡D
10厘米			
5厘米			
1厘米			

分析讨论

1 为什么水流初始高度越高，爬坡数越多？

2 能反过来从木块D的上方倒水，让水沿C、B、A方向爬坡吗？

为什么？

发散思考

1 为什么生活中的水塔都比楼房高？一楼的水为什么比六楼的

水"急"（流速快）？

2 你能把公路一侧的水引到公路另一侧灌溉田地吗？

你知道吗？

　　现代的罗马居民还在使用着古人所修建的水道，古代罗马的奴隶把水道修建得非常坚固。但领导这个工程的罗马工程师对于物理学的基本知识却还了解得很不够。你看，罗马的水道不是藏在地下，而是高高架设在地面上的石柱上的。他们为什么要这样呢？像现在这样将管子埋到地下去不是更加省事吗？假如把管子沿着高低不平的地面埋下去，那么在有的地段，管子里的水就得向上流，古代的罗马人怕水不会向上流，因此把全段水管都安装成向下倾斜的。为了做到这一点，时常要使管子绕个大弯，或者要用到高高的弓形支柱。例如阿克瓦·马尔齐亚水道，全长100千米，但水道的直线距离只有这个数字的一半。他们只是不懂物理学的基本规律，竟多建造了50千米长的石头工程！

倒不出的果汁

我们经常看到电视里上演这样的小魔术：满满的一杯水，仅用一张硬纸片盖住，压住，倒转，放手，纸片托住了满满的一杯水！是纸片有魔力吗？不是，这其实是大气压的作用。空气，我们看不见，也摸不着，但是又无处不在。它不仅占据一定的空间，而且还有压力。在我们的生活中，空气时时处处显示着它的威力。

小孩子都爱喝果汁。多年前曾经流行过一种铁罐装的果汁饮料，需要在铁罐上打孔才能倒出来。为了多倒出来一些，许多小朋友接连在盖子上同一片地方打几个孔，结果，果汁倒出来一点儿后就再也倒不出来了。其实，只需要打两个孔，果汁就能顺畅地流出来。你知道其中的奥妙吗？

为什么我头上的孔多反而倒不出果汁呢？

·探索主题·

大气的压力

搜集资料

到图书馆或上网查找有关大气压力、气体体积与压力的关系等资料。

提出假说

　　大气的压力无处不在，而且非常大。人体表面承受了巨大的压力却没有被压垮，是因为我们体内也有大气压，两者平衡，我们就感觉不到压力了。随着果汁的倒出，饮料瓶内的空间变大，瓶内气压降低，外面的大气压把果汁堵在孔口。如果再打一个小孔（尽量远离原来的那个孔）让空气进去，内外没有大气压力差，果汁就会在自身重力作用下流出来。

实验材料

❶ 三个带盖的铁罐（罐头瓶、茶叶盒等均可，也可用塑料制品）

❷ 钉子、锤子

❸ 水、水盆、水杯

❹ 纸、笔

安全提示

使用钉子、锤子时，注意防止手指受伤，最好戴手套保护。

·实验设计·

在饮料盖上不同的地方打上小孔，观察出水情况。
比较并找出最佳的打孔方案。

图1 图2 图3 图4 图5

·实验程序·

❶ 用钉子、锤子在盒盖上打一个孔。

❷ 打开盖，用水杯往铁罐里倒满水，盖上盖，将铁罐倾斜，通过小孔往外倒水，观察出水情况。

❸ 再在盖上打第二个孔，如图3。重复步骤2。

❹ 另取两个相同铁罐，分别在盒盖上打上如图4、图5所示的小孔，重复步骤2。

❺ 增加孔的数量，再次观察出水情况。

· 实验数据 ·

打孔情况	出水情况
一个孔	
两个孔（图3）	
两个孔（图4）	
两个孔（图5）	
多个孔	

分析讨论

❶ 一个孔的能连续出水吗？孔的大小影响出水吗？

❷ 比较三种两个孔的出水情况，为了让铁罐里的水顺畅地流出来，为什么必须在盖上打两个对称的相距尽量远的小孔？

❸ 三个孔一定比两个孔的出水情况好吗？

发散思考

❶ 为什么我们能用吸管吸酸奶和可乐？如果吸管壁上有小孔，你还能吸上来吗？

❷ 假如你曾经用漏斗把某种液体注入过瓶子里，你一定有这样的经验：一定要经常把漏斗向上提一下，否则液体会留在漏斗里，不流下去。你知道为什么吗？你能改进一下吗？（提示：漏斗外面做成瓦棱形或开条缝）

❸ 楼房的下水管为什么要穿出楼顶呢？

回旋标

这是一种奇怪的武器。原始社会时，猎人能熟练地用适当的角度、力量和方向把它投掷出去，以便击中猎物。如果未击中猎物，它又会回到投掷者的身边。这就是回旋标。奇术不奇，翻翻书你也会知道它的飞行理论，训练训练，你也能学会这种技巧。不信，做个纸的回旋标试一试吧！

·探索主题·

回旋标的制作和飞行

提出假说

回旋标的飞行路线受下面三个因素的影响：回旋标投出的速度和角度；回旋标的旋转速度；空气阻力。

回旋标在空中飞行，同时在做两种动作：向前的运动和绕自身的旋转运动。

绕自身的旋转不仅使回旋标的转速和平面不变，还会使回旋标前进方向发生偏转，在空中绕弧线移动，有点像倾斜的自行车车轮，一边朝前转，一边转弯，回到投掷者的身边。

搜集资料

到图书馆或上网查找回旋标的有关资料，了解其制作方法和飞行理论。

实验材料

1. 卡片纸
2. 剪刀

安全提示

1. 使用剪刀时，小心不要弄伤手指。
2. 不要对人弹射回旋标。

·实验设计·

用卡片纸剪出回旋标，用手指进行弹射练习。

·实验程序·

❶ 用卡片纸依照图1所示的形状剪出回旋标，每边的长度为5厘米，宽约1厘米。

❷ 用手略微扭曲回旋标成螺纹形。

❸ 用拇指和食指夹住回旋标的中部边缘，用另一只手的食指向它弹去，用力的方向为向前，同时略偏向上方（参见图2）。

图1

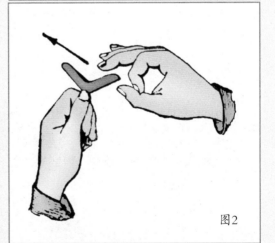

图2

④ 观察回旋标是否飞了大约5米，飞行的路线是否为图3所示的圆滑曲线。

⑤ 多练习几次，观察用力不同、弹射方向不同、角度不同时，回旋标的运动有什么变化？

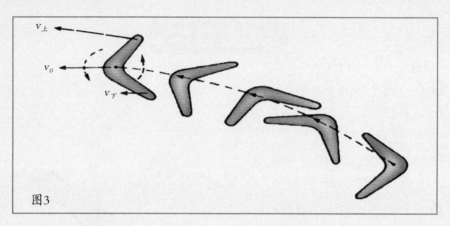

图3

·实验数据·

实验次数	用力大小	弹射方向	观察结果（可画图）
1			
2			
3			
4			

分析讨论

❶ 回旋标为什么会旋转？

❷ 弹射回旋标时，为什么方向要略倾斜？

发散思考

❶ 生活中你还见过什么回旋标？

❷ 在现代生活中，回旋标除了游乐外，你还能开发出什么用途？

移动的摆

你听说过军队过桥时不能齐步走、火车过桥时要减速吗？否则，桥有可能倒塌。你明白其中的道理吗？原来是共振的原因。每个物体都能振动，而且都有各自的振动频率（快慢），桥也是如此。如果外界给它的作用使它振动的频率接近它本身固有的振动频率，它的振动幅度就会更大。今天，我们就利用摆来研究这个问题。

·探索主题·

共 振

搜集资料

到图书馆或上网查找有关共振的资料。

提出假说

当两个摆的摆长相同时，一个摆的摆动会引起另一个摆的摆动，且摆动的快慢一样，幅度更大。

实验材料

1. 细线若干、剪刀
2. 黏土（橡皮泥也可以）
3. 有靠背的等高的椅子
4. 重物（放在椅子上，使椅子稳定）
5. 秒表

安全提示

小心使用剪刀，防止意外受伤。

实验设计

在一条拉紧的绳子上，系有两个摆长相同的摆，一个摆的摆动能引起另一个摆的摆动，观察其快慢、幅度。

实验程序

1 用黏土和细线做两个摆（线长0.4～0.5米）。

2 另系一根细绳在两椅背上，椅上放重物，拉开椅子，使细绳绷紧水平拉直。

3 把两摆系于绷紧的细绳上，注意两摆的摆长（悬点到黏土的中心距离）要一样，上方的细绳始终是绷紧的。

4 让其中的一个摆静止，用手拉开另一个摆，释放，让其摆动。观察，计时。

5 观察静止的摆是否摆动，计时，比较两摆的摆动快慢。

6 再做几个摆长稍长或稍短的摆，悬系在同一根绷紧的绳子上（如图所示），静止。重复实验。观察，计时，比较。

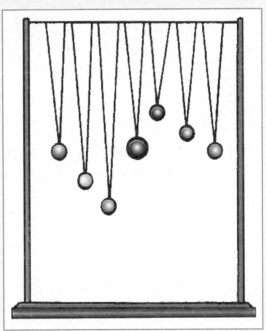

· 实验数据 ·

静止摆的摆长	摆动快慢	摆动幅度
最长摆长		
稍长摆长		
等长摆长		
稍短摆长		
最短摆长		

分析讨论

① 摆的固有频率与摆长有何关系?

② 系于两椅背上的绳子为什么要绷紧?

③ 用手拉开的摆的摆幅是如何变化的?

④ 等长的摆的摆动快慢是否一样?

⑤ 不等长的摆的摆幅为什么较小?

发散思考

① 你知道生活中的哪些共振现象?

② 共振有哪些优缺点? 如何利用和防止?

观察视网膜

　　人的眼睛由瞳孔、角膜、晶状体、玻璃体、视网膜等部分构成，结构复杂。人们看到的所有影像都是通过眼睛后面的视网膜感光获得的。视网膜的放大图片如下图所示。视网膜上布满了毛细血管，视网膜通过它们获得营养。但是为什么我们从来没感觉到眼前有这些网格状的血管呢？

　　原来，人眼的视觉细胞对静止目标不敏感，视网膜前的这些血管一直保持不动，所以就被忽略了。那么用什么方法可以看到这些血管呢？

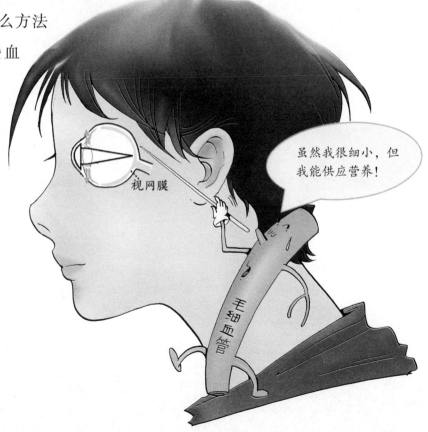

视网膜

毛细血管

虽然我很细小，但我能供应营养！

· 探索主题 ·

视网膜、眼睛成像原理

搜集资料

到图书馆或上网查找眼睛结构、视网膜的相关资料。

提出假说

神经细胞对相对运动的目标敏感，如果能让视网膜前面的毛细血管的影像在视网膜上运动起来，就可以看到这些网格状的血管了。

实验材料

1. 一支普通手电筒
2. 一节 5 号电池
3. 一块同 5 号电池同样大小的木块
4. 一块铝箔
5. 一块黑色纸板
6. 光线很暗的房间

安全提示

实验时不要用明亮的手电光照射眼睛，避免刺激眼睛。

·实验设计·

用一支发出微弱的光的手电筒在眼睛前面来回移动，使视网膜前面的毛细血管在神经细胞上投射出来回移动的影像，从而看到网格状的血管影像。

·实验程序·

① 把木块包上铝箔。

② 把铝箔木块和电池装进手电筒，这样可使手电筒发出微弱的灯光，不至于刺伤眼睛。

③ 旋走手电筒前端的盖子，打开开关。

④ 拉上窗帘，关闭电灯，使屋内暗下来。

⑤ 把手电筒的灯泡放在眼球前面。

⑥ 把黑色纸板放在手电筒后面，看着纸板时，应该让纸板充满整个视野。

⑦ 保持眼睛不动，在约0.5厘米的范围内左右移动手电筒，持续约20秒。

⑧ 观察纸板上你看到的图像，并记录。

·实验数据·　　　　　　　　　　　实验现象

状　态	现　象
手电筒未移动	
手电筒移动20秒后	

分析讨论

❶ 眼睛的结构是怎样的？

❷ 木块上的铝箔的作用是什么？

❸ 纸板的颜色对实验结果有什么影响？

发散思考

❶ 人眼成像原理是什么？

❷ 为什么要来回移动手电筒？

❸ 为什么电影、电视的画面看起来是运动的，非常逼真？

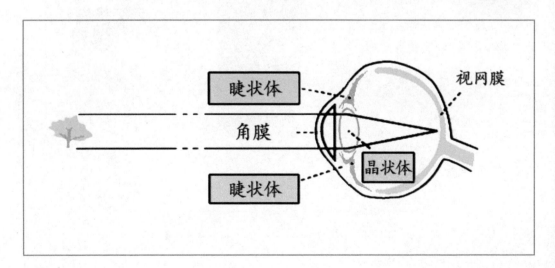

余像

　　不知道大家注意没有，当月亮刚升起来的时候，感觉比深夜的月亮要大一些。还有，当我们刚刚看过一个明亮的物体，马上移开视线，再看其他地方时，眼中好像还能看见刚才看到的物体，过一会儿才会消失，好像有延迟一样。这是为什么呢？

　　这些现象就是所谓的余像现象。下面我们做一个简单的实验来研究一下。

· 探索主题 ·
眼睛的余像现象

提出假说

我们能看见物体是因为光线进入视网膜而产生物体的投影。长时间看相同光源会降低该光源在视网膜上成像区域的敏感程度。马上再看其他光源时，这个区域不会马上产生感觉，会有一定的延时。这时眼中还有先前光源的影像，这就是所谓的余像现象。

搜集资料

到图书馆或上网查找眼睛成像原理、视网膜特性等相关资料。

实验材料

1 手电筒

2 白纸

3 不透光的黑胶带

安全提示

1 不要用眼睛直接看手电筒射出的光。

2 在暗室里做实验，要小心活动，不要打翻东西。

实验设计

在手电筒的镜头上蒙上一个简单的、容易感知的图案，打开手电筒，用眼观察这个图案30秒左右，然后看其他地方，感觉眼前还有这个图案存在，这就是所谓的余像。但是，如果用一只眼睛看手电筒30秒左右，再用另外一只眼睛看其他地方，这个余像却不再存在。

实验程序

1. 把白纸蒙在手电筒的光罩上。

2. 把黑胶带贴在白纸上，中央留下一个正方形的小孔，让光可以从这个孔射出。

3. 在黑暗的屋子里，身体靠近墙壁，手臂伸直，握住手电筒并把出光口对着自己的眼睛。

4. 打开手电筒，双眼看着发亮的正方形30秒。

5. 迅速移开手电筒，对着最近的墙壁眨眨眼，观察瞬间所见图像的颜色和形状，记录为1号。

6. 重复步骤3、步骤4，移开手电筒，张开伸直那只手臂的手掌，观察在手掌上的图像的大小，记录为2号；然后再看看更远一点的墙上图像的大小，记为3号，再把这两个像比较一下。

⑦ 重复步骤3，闭上右眼，打开手电筒，用左眼看30秒。

⑧ 迅速拿开手电筒，闭上左眼，睁开右眼，到处观察一下，结果记为4号。
此时还能看到任何先前能看见的图像吗？

实验数据

记录号	观察结果
1号	
2号	
3号	
4号	

分析讨论

① 从视线里移开手电筒，大约多长时间内还可以看到余像？

② 2号、3号观察的余像大小为什么不一样？

③ 4号的结果说明什么？

发散思考

① 眼睛是如何看见物体的？

② 为什么感觉月亮刚出来时会比深夜时大一些？

③ 生活中还有其他有关余像的例子吗？

鱼眼中的奇妙世界

　　我们每天都用眼睛看书、看周围的一切美丽事物。你有没有想过，鱼儿眼中的世界和我们所见到的世界是一样的吗？有一位名叫伍德的科学家对这个问题产生了好奇，但他不仅是想想而已。他做了一个科学实验，模拟鱼的视角来观察世界。其实就是把一台密封的照相机放在水底，让镜头向上，摄像范围与鱼眼的视角一样大，然后拍摄照片，通过照片就能看到鱼眼中的世界了。照片冲洗出来一看，原来鱼眼中的世界与我们眼中的世界真的大不一样。它们看到的世界是一个大圆圈，圆圈的正中是明亮的天空，周围是岸上房屋、树木的影像，房顶、树梢全都朝向圆圈的中心。在圆圈的边上还有五彩的花边，而圆圈的外面却比较昏暗。

　　为什么鱼眼中的世界如此奇妙呢？原来，这是光线的折射和全反射的结果。空气和水是两种不同的介质，光线从一种介质进入另一种介质时会改变方向。从空气进入水中时，折射角小于入射角，且其临界角为48.5°，就是说靠近水面的物体经过折射之后会收拢于一个97°的圆锥之中。所以鱼儿看到的天空只是一个小圆圈。而且由于隔着水

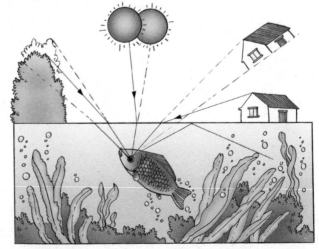

只能看到虚像，所以影像模模糊糊的。圆圈周围的影像则是由远处水底下的水草、石头等折射出的光线碰到水面反射回来造成的。由于水底很暗，所以圆圈外面的像也十分昏暗。

·探索主题·

光的折射和反射

搜集资料

到图书馆或上网查找光线的折射和反射的相关资料。

提出假说

光线在穿过不同的介质时会发生折射和反射。光从空气中进入水中时，入射角比折射角大；反过来，光从水中进入空气的入射角大于某一角度时，折射光线就会消失，光只在水和空气的分界面上发生反射，这就是全反射。因此在水底向外看时，会发现世界变成了一个小圆圈。

实验材料

① 平底的广口玻璃瓶

② 底部凹进去的广口玻璃瓶

③ 去污粉

④ 清水

⑤ 电灯

⑥ 几个柜子

⑦ 样式不同的花

安全提示

玻璃瓶易碎，小心轻放，以免打碎，划伤自己。

实验设计

虽然我们可以直接潜入水中来观察鱼眼中的世界，但是这样做不安全，也不方便。我们可以用一个盛水的广口瓶来模拟水底世界，用电灯来模拟太阳，用日常用品来模拟水边的树木、房屋，同样能够达到类似的效果。

实验程序

1 用去污粉将广口瓶的内外刷干净、擦干。

2 往平底的广口瓶中装一些清水，深度为6厘米。

3 一只手捏住瓶子底部，将它放在眼睛上方，瓶底距眼睛1~2厘米。

4 等水平静之后，看斜上方电灯的像。

5 头保持不动，将广口瓶从眼前轻轻移开，观察电灯的像是否发生变化，并记录变化的方向。

6 站在柜子旁边，在柜子上摆放不同的花。

7 重复实验步骤3-4，并观察周围的花和电灯的像。画出像的示意图。

8 用瓶底凹进去的广口瓶重复实验步骤1-7。比较两种瓶子观察像时有什么区别。

实验数据

实验观察对象	用平底广口瓶	用凹底广口瓶
电灯图像变化的方向		
花和电灯的像		

分析讨论

① 本实验中电灯的位置看起来是变高了还是变低了？

② 用本实验的方法能否观察到全反射？为什么？

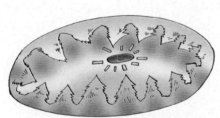

我要去眼科瞧一下，我的视力是不是有问题。

发散思考

① 假如广口瓶中有一个气泡，预计你将观察到的现象。如果你是在气泡中观察，现象会有何变化？

② 其实不光是水中的鱼被光线的折射"欺骗"了，我们人类也同样没有正确认识天空中星星的位置。因为大气的密度不均匀，光线在其中传播也会发生折射。试着再举几个人类被光线折射所"欺骗"的例子。

柱面镜成像

我们对着平面镜穿衣戴帽，梳妆打扮，十分方便。但如果把平面镜弯曲一定角度成一个柱面镜，所看到的影像和平面镜中的差别就会很大。这是为什么呢？

根据光的反射定律，可以画出平面镜和柱面镜的光路图来分析。平面镜成像成的是等大、正立、左右互换的像。而对于柱面镜，反射出的线不相互平行。因此，如果你离它距离稍远一点，在对称轴水平的柱面镜里看到的像就是倒立的；在对称轴竖直的柱面镜里看到的像就像别人看到的你一样，不会左右互换，只是像稍微小一点而已。

由于柱面镜不太常见，下面我们就用一个简单的方法自制一个柱面镜，来观察它的成像特点。

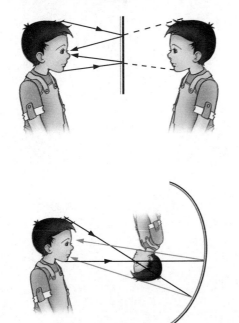

·探索主题·

柱面镜成像

到图书馆或上网查找光的反射定律、平面镜成像、柱面镜成像等相关资料。

提出假说

根据光的反射定律可以推断出，在离柱面镜一定距离处，如果柱面对称轴水平，可以看到倒立、缩小的像；如果对称轴竖直，可以看到正立、缩小的像，但不像平面镜那样左右互换。

实验材料

1 一块大小为 20 厘米 × 30 厘米的光亮的铝合金板

2 胶布

安全提示

铝合金边缘比较锋利，使用时要小心。

·实验设计·

把一块光亮的铝合金板弯成一个柱面镜，把柱面镜平放或立起来，放在面前的一定位置，观察像的特点。

· 实验程序 ·

1. 把铝合金板边缘用胶布包起来，以免刮伤自己。
2. 用力把铝合金板弯成一定弧度，做成一个柱面镜。
3. 把柱面镜平放，凹面对着头部，从远到近移动柱面镜，观察自己的头在镜中成像的变化情况。
4. 和柱面镜距离较远时，眨右眼，观察镜中像的眨眼情况。
5. 把柱面镜竖放，从远到近移动柱面镜，观察自己的头在镜中成像的变化情况。
6. 和柱面镜距离较远时，眨右眼，观察镜中像的眨眼情况。

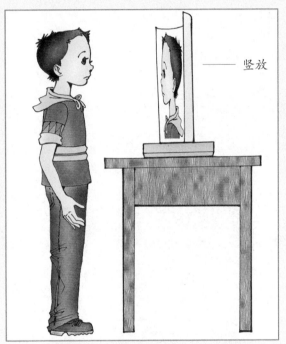

—— 竖放

· 实验数据 ·

实验结果

柱面镜位置和状态	像的特点	镜中像眨哪只眼
平放、移动		——
平放、较远处		
竖直、移动		——
竖直、较远处		

分析讨论

❶ 什么是光的反射定律?

❷ 分别画出平面镜、柱面镜成像的光路图。

❸ 铝合金板弯曲程度不同对实验结果有何影响?

发散思考

❶ 为什么柱面镜平放和竖放成像不同?

❷ 该实验是柱面镜凹面成像,如果是凸面成像,会有什么样的结果?

空气的性质——热胀冷缩

打乒乓球时不小心踩到了球，球凹了进去，这时你会怎么办呢？如果你去问妈妈，她会告诉你：把球放进热水中，凹下去的地方就会慢慢恢复原状。你知道这是什么原理吗？原来这就是利用了空气热胀冷缩的原理。空气受热会膨胀，受冷会

收缩，乒乓球内的气体受热膨胀，就可以把球凹下去的地方慢慢顶起来了。今天我们就来做个小实验，"看一看"空气的热胀冷缩。

·探索主题·

空气的热胀冷缩性质

搜集资料

到图书馆或上网查找相关资料：空气、热胀冷缩。

提出假说

空气遇热会膨胀，遇冷会收缩。

实验材料

❶ 四只气球
❺ 大碗（或小桶）
❷ 皮尺
❻ 细口玻璃瓶
❸ 细绳
❼ 热水
❹ 冰箱
❽ 冰水

·实验设计·

让同样大小的气球处于不同的温度下，观察气球体积有什么变化。

安全提示

① 在家长或老师的带领下做实验，防止气球爆裂。
② 使用热水时要注意，防止被烫伤。

· 实验程序 ·

① 将四只气球分别编号，并做上标记：1、2、3、4。
② 将三只气球分别充气，用细绳绑紧。
③ 用皮尺分别量一下三只气球的周长，并记录下来。
④ 将气球1放在桌子上，气球2放在冰箱上面的格子里，气球3放在冰箱下面的格子里，等待30分钟。
⑤ 拿出气球，在气球被周围空气加热之前，迅速测量一下三只气球的周长，记录下来。
⑥ 将未充气的气球4的口套在细口玻璃瓶的瓶嘴上，并用细绳绑紧。
⑦ 把细口瓶放在大碗（或小桶）中，向碗中倒入一些热水，过几分钟，观察气球有什么变化。
⑧ 将热水换成冰水，重复步骤7。

· 实验数据 ·

表1

实验步骤	气球1	气球2	气球3
实验前周长（厘米）			
实验后周长（厘米）			

表2

实验步骤	观察到气球4的现象
细口瓶放入热水中	
细口瓶放入冰水中	

分析讨论

① 通过实验，你能得出什么结论？

② 实验中需要注意哪些问题？也就是说保证实验成功的因素有哪些？

发散思考

① 生活中，你见到过哪些空气热胀冷缩的例子？

② 想一想：你还知道哪些东西有热胀冷缩的性质？

③ 想一想：为什么空气受热会膨胀，而受冷会收缩？

你知道吗？

你知道雷是怎么形成的吗？

雷的形成与空气的热胀冷缩有十分密切的关系。闪电会使空气突然急剧增热，温度骤然间升高15000~20000℃，造成空气急剧膨胀，气压也急剧增加。闪电消失的一瞬间，温度又会迅速下降，空气很快收缩，压力骤降。这一骤胀、骤缩都发生在千分之几秒的短暂时间内，所以在闪电爆发的一刹那会产生冲击波。闪电发生后的0.1~0.3秒，冲击波就会演变成声波，也就是我们听见的雷声。

固态二氧化碳——干冰

在大型文艺晚会的舞台上，我们常常可以看到云雾缭绕的人造仙境。在小朋友们熟悉的电视剧《西游记》中，神仙们踏云而行的场面更是让我们羡慕不已。可是你知道吗？这些仙境中的云雾不过是用固态的二氧化碳——干冰变的戏法而已。

注：二氧化碳的化学式为CO_2。

探索主题

固态二氧化碳的性质

搜集资料

到图书馆或上网查找与二氧化碳、干冰、升华有关的资料。

提出假说

固态二氧化碳有很多特殊的性质。

实验材料

1. 一把铁锤
2. 一把金属小勺
3. 一只大气球
4. 若干干冰
5. 一副手套
6. 几张报纸
7. 一个玻璃杯
8. 一些热水
9. 一个透明的容器，如鱼缸

安全提示

1. 干冰很凉，如果你用手指接触干冰超过一秒，你的手指就有可能被冻伤。所以，做实验时应该戴手套。
2. 干冰不是普通的冰，千万不要食用！
3. 二氧化碳可以使人窒息，所以做实验时要打开窗户，保持室内空气的流通。
4. 不要把干冰保存在密封的容器中。
5. 由于干冰有一定的危险性，本次实验要在家长的指导下进行。
6. 鱼缸易碎，要小心拿放，以免摔碎造成划伤。

· 实验设计 ·

二氧化碳不仅可以是气态的，也可以是固态的，固态的二氧化碳叫作干冰。干冰可以从固态直接变成气态，体积膨胀，这个过程叫升华。所以，当把干冰装在气球里时，气球会慢慢膨胀。干冰在升华的过程中会吸收大量的热，所以当把干冰放在热水里时，水蒸气被冷却，可以形成雾。当金属棒与干冰接触时，干冰吸收金属棒上的热量，大量变成气体，气体推动金属棒上下快速地运动，可以发出尖锐的声音。

· 实验程序 ·

1. 戴上手套，用铁锤小心地把一块干冰砸碎（注意保护眼睛）。
2. 用漏斗把砸碎的干冰装入一个大气球中，不要忘记戴手套。
3. 向气球中加入少量的热水，把气球扎紧。
4. 站在远离气球的地方，观察现象。这时，你会看到气球慢慢膨胀，逐渐变大。如果装入气球的干冰足够多，气球将会爆炸。
5. 往玻璃杯中装入多半杯热水，然后把玻璃杯放入鱼缸中。
6. 把一块干冰加入玻璃杯中，用一块硬纸板把鱼缸盖上（注意不要盖严，要留一点空隙）。不一会儿，鱼缸中产生了大量的白雾，渐渐从硬纸板边缘蔓延开来。
7. 在桌子上垫上报纸，把一块干冰放在报纸上。
8. 向金属勺中加入少量的水。
9. 把金属勺放在一块干冰上，当勺与干冰接触以后，可以看到水会结冰，同时勺发出尖锐的声音，最终干冰上与金属勺接触的地方会有一个洞。

步骤1-4　　　步骤5-6　　　步骤7-9

· 实验数据 ·

实验过程	实验现象	总结干冰的性质、特点
气球实验		
鱼缸中的实验		
金属勺的实验		

分析讨论

1. 气球为什么会自动膨胀？
2. 鱼缸中为什么会有白雾生成？
3. 金属勺为什么会发出尖锐的声音？

发散思考

1. 在娱乐节目中，经常会有自动膨胀爆炸的气球，通过以上实验，你能解释那些气球为什么会爆炸吗？
2. 你知道舞台上的云雾是怎样形成的吗？

你知道吗？

干冰不是由水凝结成的冰，而是由无色的气体——二氧化碳凝结而成的。如果把二氧化碳装在一根钢管里，再增加压强，就变成水一样的液体了。如果温度更低一些，就会变成雪花状的固体，也就是干冰。干冰的温度在常压下为−78.5℃。由于干冰温度很低，它急剧升华的时候，会使周围空气的温度迅速降低，空气里的水蒸气就凝结成了雾。舞台上云雾缭绕的景象就是利用这个原理形成的。

干冰也可以用于人工降雨，你能解释一下其中的原理吗？

空气中的"贵族"——稀有气体

　　城市的夜晚，霓虹闪烁，五颜六色的霓虹灯将夜晚点缀得分外美丽。那么，你知道霓虹灯为什么会发出五颜六色的光吗？原来这都是空气里的"贵族"——稀有气体的功劳。稀有气体，又称惰性气体，包括氦、氖、氩、氪、氙和氡，在空气中约占0.94%，含量很小。可是它们有一个特殊的性质：在电场的作用下可以发出不同颜色的光，霓虹灯就是据此制成的。下面我们来做个小实验，感受一下稀有气体的发光现象。

虽然我和你们还很陌生，但是你们不要不理我呀！

·探索主题·

了解稀有气体

提出假说

稀有气体通电会发光。

搜集资料

到图书馆或上网查找与稀有气体、发光有关的资料。

实验材料

1. 塑料梳子
2. 导线
3. 试电笔
4. 惰性气体发光管
5. 蓄电池
6. 高压感应线圈

安全提示

1. 在家长或老师的陪同下做实验，注意用电安全。
2. 注意高压感应线圈与发光管使用的电压相匹配。

·实验设计·

给惰性气体发光管通电，观察发光现象。

实验程序

1. 观察试电笔：打开试电笔，在老师或家长的指导下，找到试电笔中的氖泡（里面充有氖气）。氖泡两端各有一个金属电极，两个极片在泡内接近而不相连。

2. 用塑料梳子反复梳理头发，直到发出微小响声为止。

3. 左手捏住氖泡的一个电极，右手拿带电的梳子接触氖泡的另一极，观察有什么现象。

4. 将惰性气体发光管（氖管和氩管）放在桌上，连好蓄电池和高压感应线圈，一一试验，观察不同惰性气体的发光颜色。

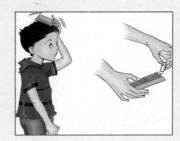

实验数据

发光气体	实验现象
氖气	
氩气	

分析讨论

1. 用塑料梳子摩擦头发的目的是什么？

2. 为什么左手捏住氖泡的一个电极，右手拿带电的梳子接触氖泡的另一极，氖泡就会发光呢？

3. 这个实验为什么可以用手直接接触电极？

发散思考

通过实验你知道试电笔为什么能够试电吗？

你知道吗？

　　稀有气体原名惰性气体。因为它们很"懒惰"，很难与别的物质反应生成化合物，所以把它们叫作惰性气体。虽然它们以懒惰闻名，但随着科学技术的发展，人们发现在一定的条件下，有些惰性气体也能跟某些物质发生反应生成化合物。例如氙、氪的氟化物及二氧化氙、三氧化氙等。所以现在给它们正名，称它们为"稀有气体"。它们的名字都是根据希腊文取的，而且都很有意思。

　　氦：希腊文的原意是"太阳"，因为最早是从太阳光谱中发现它的。

　　氖：希腊文的原意是"新的"，因为它是在发现氩之后从空气中发现的新元素。

　　氩：最先被发现的稀有气体，在希腊文中的意思是"懒惰"。

　　氪：希腊文的原意是"隐蔽的"，它和氖差不多同时被发现，但它很稀少，隐蔽在空气中，不易被发现。

　　氙：希腊文的原意是"陌生的"，当时它确实令人感到陌生。

　　氡：19世纪初，科学家在放射现象的研究中发现了它，起初叫"镭射气"，后来取名为氡。

　　稀有气体有广泛的用途。除了作为保护气外，氖气、氪气、氙气还可以用于激光技术等方面，氙气可以作为麻醉剂。氦气在原子反应堆技术中可以用作冷却剂。稀有气体通电还会发光，在灯管里充入不同的稀有气体，就可以制成五颜六色的霓虹灯了。

寻找风的足迹

风,看不见,摸不着,但可以感觉得到。你看树枝在摇晃,雪花在空中飞舞,尘土在飞扬,这都是风的踪迹。

简单地说,风就是空气的流动。风蕴含着巨大的风能,人类很早就学会利用风车磨面、纺纱了。

现在,风的作用就更大了,例如我们可以用它来发电,但是首先要知道风速是多少,才能设计出风力发电装置。下面我们就自己动手做一个风速计,来追寻风的足迹。

· 探索主题 ·

了解风的成因，自制风速计测量风速

提出假说

风是空气流动的结果。

搜集资料

到图书馆或上网查找相关资料：风。

实验材料

1. 剪刀
2. 四个小纸杯
3. 两条同样长度的硬纸板
4. 尺子和记号笔
5. 大头针
6. 秒表
7. 顶端带橡皮的铅笔
8. 橡皮泥
9. 胶带

安全提示

用剪刀、大头针时不要弄伤手。

· 实验设计 ·

用纸板和纸杯可以制成一种容易随风转动的装置，用秒表可以计算出单位时间内自制风车转动的转数，这个转数就能让我们知道风速的快慢。

·实验程序·

① 把纸杯的底部剪掉，使纸杯更轻一些。

② 用记号笔将其中一只纸杯涂上颜色。

③ 把两个硬纸板交叉成十字形，将它们钉在一起，并在交叉的中心位置用铅笔做一个记号。

④ 把四个纸杯分别粘在硬纸板的四个头上，注意要使四个纸杯开口朝同样的方向。

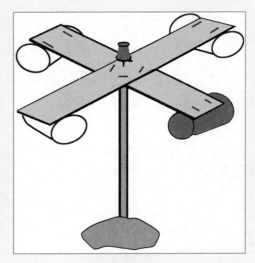

⑤ 用大头针把带纸杯的硬纸板固定在铅笔的橡皮上（注意，固定纸板的中心位置，也就是铅笔所做的记号处），向纸杯吹气，纸板应能绕大头针自由转动。

⑥ 将风车放在某一个位置，例如院子里、窗户边，用橡皮泥固定住铅笔没有橡皮的一端，使它能立住。

⑦ 这样，一个自制的风速计就做好了。这个风速计不能准确测量风的流速，但可以让我们感觉风到底有多快。

⑧ 当风速计转动时，借助秒表，数出一分钟内有颜色的杯子转动了多少圈，这样你就知道风速是一分钟多少转了。

⑨ 在一天中的不同时刻（早晨、上午、中午、下午、晚上），分别利用风速计来测量风速，它们的数值一样吗？也可以测不同地方的风速，将数据记录下来。

·实验数据·

时间	风速计转速	结论
早晨		
上午		
中午		
下午		
晚上		

分析讨论

① 多做几次测量，从测量数据中你能得到哪些结论？

② 实验中为什么四个纸杯开口方向要一致？

发散思考

① 用你的风速计检验一下树木和房屋对风力的减弱作用。

② 你知道风有哪些作用吗？

你知道吗?

在我国古代，人们是根据树枝、树叶或动物羽毛的摆动来观测风向的。如把茅草或鸟的羽毛等物体吊在高杆顶端，以观测风向。到了汉代，则发展成用绸绫之类做成测风旗，悬挂在高杆之顶，看旗判断风向。

变幻莫测的水蒸气

　　夏末秋初的清晨，晶莹的露珠一滴滴、一点点地点缀在翠绿的草叶上，躲在密密的草丛里，默默地滋润着小草、大地。然而，天空并没有下雨，水是从哪里来的呢？其实，形成露珠的水也是"从天而降"的，这些水以水蒸气的形式存在于空气中。也就是说，水蒸气是空气的组成成分之一。下面，让我们通过实验来"看一看"：看不见、摸不着的空气中是否含有水蒸气。

· 探索主题 ·

空气中是否含有水分

提出假说

水蒸气是空气的组成成分之一。

搜集资料

到图书馆或上网查找相关资料：水蒸气、露珠的形成。

实验材料

1. 冰块
2. 一块手帕
3. 一只玻璃杯
4. 一块硬纸板
5. 一个玻璃瓶

安全提示

1. 用玻璃瓶研冰时不要研到手。
2. 不要把瓶子打破，以免划伤手。

· 实验设计 ·

我们不能直接看到空气中是否含有水蒸气，但如果水蒸气能转变成水，我们就能够观察到，也就可以证明空气中的确含有水分了。在实验中我们降低空气的温度，使空气中的水蒸气遇冷凝结成雾或小水珠，由此证明我们的假说是正确的。

·实验程序·

1. 把冰包在手帕里。

2. 用瓶子把冰压碎，同时把碎冰倒进完全干燥的玻璃杯中（参见图1）。

3. 用硬纸片把玻璃杯盖上，然后等几分钟。

4. 几分钟以后，你会观察到杯子边上出现一层薄雾。

5. 手指在玻璃杯的内壁上摸一下，感觉杯壁上有附着的水（参见图2）。

图1

图2

·实验数据· 　　　　　　水从哪里来

实验过程	实验现象	结论
玻璃杯装入冰块之前		
玻璃杯装入冰块之后		
把手指伸向杯壁		

分析讨论

1 向玻璃杯中装入冰块之前，玻璃杯中有什么物质存在？

2 玻璃杯中产生的雾和小水滴是从哪里来的？

3 从实验结果中，我们可以看出空气中有什么成分？

发散思考

1 保证实验成功的关键是什么？

2 清晨，晶莹的露珠是怎样形成的？

你知道吗？

　　空气中的水汽主要来自水体和土壤蒸发、冰面升华、植物蒸腾等。虽然水汽仅占空气总体积的4%左右，但是在天气的变化中扮演着十分重要的角色。空气中正因为有了水汽才有了云、雨、雪等天气现象。水汽还具有吸收地面红外线长波辐射的能力，但对紫外线等短波辐射却无能为力。所以水汽也是一种温室气体，它和二氧化碳一样，对地面起着保温作用。

大气的表情——云

　　你注意观察过天上的云吗？它们可真是千姿百态，变化万千。有时像奔腾的野马；有时像起伏的山峦；有时像调皮的猴子；有时像一片片的鱼鳞。大自然真是最伟大的画家。看着云自由自在地飘来飘去，你有没有想过：云是怎么形成的呢？实际上，云的形成需要充足的水汽，以及使水汽凝结的冷空气。如果空气很干燥，就不会形成云；而如果空气很潮湿，但是没有使它冷却的空气，也不会凝结成云。除此之外，还要有在水汽凝结过程中起凝结核心作用的烟粒、尘埃等（也就是凝结核），而凝结核在自然界中是大量存在的。你想自己制造云吗？下面我们就来做个小实验，在瓶子里生成云。

探索主题

云是怎么形成的

提出假说

云的形成需要水汽、冷空气及凝结核。

搜集资料

到图书馆或上网查找相关资料：云。

实验材料

1 一个透明干净的广口瓶

2 橡胶膜（例如废气球的外壳，要足够大，可以盖住瓶口）

3 几根细绳或者橡皮筋

4 少量粉笔灰

5 冷水

安全提示

戴好口罩，小心不要吸入粉笔灰。

实验设计

将水汽、冷空气和凝结核"关"在瓶子里以形成人造云。

实验程序

① 在广口瓶中倒入少量水（约离瓶底25毫米）。

② 将橡胶膜盖在瓶口，用细绳（或者橡皮筋）把它紧紧扎在瓶口，并用一本书压在上面（如图1）。（想一想，为什么要这么做？）

③ 10～15分钟以后，从瓶口移开橡胶膜和书，迅速倒入1勺粉笔灰，然后迅速用橡胶膜裹住瓶口，并用细绳把橡胶膜紧紧地固定在瓶口。

④ 手向瓶中推橡胶膜，使它稍稍凹向瓶中（如图2）。

⑤ 20秒后迅速松开手，你会看到瓶中形成了"云"（如图3）。

图1

图2

图3

分析讨论

1 结合实验考虑：形成云的条件有哪些？

2 为什么倒入粉笔灰之前要先把橡胶膜盖在瓶口10~15分钟？

发散思考

为保证实验成功，需要注意哪些问题？

你知道吗？

不同的云形状也不同，它们的形成过程、组成和性质也不相同，所以有经验的人从云的形态上能判断出会不会下雨。最主要的两种能下雨的云是积雨云和雨层云。

积雨云云层的底部离地面几百米到一两千米，但上部比较高，可达几千米或十几千米。云体高大，外形呈钻状，云中电闪雷鸣。这种云会使局部地区出现急风暴雨，有时还伴随有冰雹。

雨层云云层底部离地面不到两千米，云层较厚，也比较均匀，颜色灰暗。人们常说的"天色阴沉，云层低压"就是指这种云。雨层云出现时，雨下得比较均匀，下雨的时间比较长，下雨的范围也比较广。

绿色的氧气工厂

我们每天吸进氧气，呼出二氧化碳。你有没有想过：空气中的氧气会不会越来越少，而二氧化碳越来越多呢？事实当然不是这样，要不然人类早就难以生存了。那么为什么空气的成分能保持稳定呢？这都要感谢人类的好朋友——植物。它们通过光合作用，利用日光的能量、水和空气中的二氧化碳作为原料，制造它们的养料，同时"吐"出氧气。也就是说，它们每天也在呼吸，只是吸进二氧化碳，呼出氧气，使我们空气中的氧气量基本上保持不变。要是没有植物，人类就将不复存在。今天我们就做个实验来看看植物是怎样呼吸的吧。

·探索主题·

了解光合作用

提出假说

植物吸进二氧化碳，呼出氧气。

搜集资料

到图书馆或上网查找相关资料：二氧化碳、氧气、光合作用。

实验材料

① 一只 1000 毫升的烧杯
② 一个大漏斗（刚刚能伸入烧杯中）
③ 一支试管
④ 火柴
⑤ 一段新采的常春藤

·实验设计·

照射植物，用刚熄灭的带火星的火柴检验植物呼出的气体（氧气可以使带火星的火柴复燃，而其他气体不能）。若火柴复燃，则证明了假说。

实验程序

1 将常春藤盘放在烧杯底部并用倒放的大漏斗罩好。

2 向烧杯里倒入一些水，使水没过整个漏斗颈。

3 试管盛满水后堵好，在水面下小心地倒转过来，套在漏斗颈上（若漏斗颈口高出水面，则套试管时，需将漏斗颈压入水下）。

4 将上述装置放在阳光下晒数小时。

5 待试管中收集的气体较多时，在水面下拔起试管并堵好试管口，将试管拿出水面。

6 检验管中气体：用刚刚熄灭的带火星的火柴靠近试管口，观察有何现象。

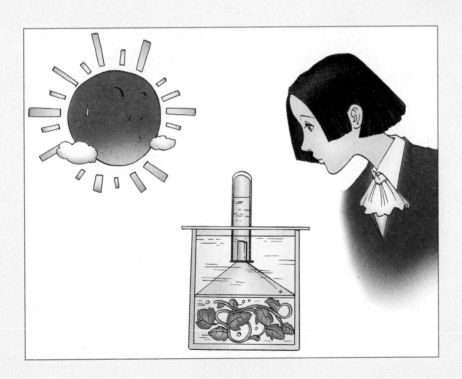

· 实验数据 ·

实验过程	实验现象
在阳光下晒	
检验气体	

分析讨论

① 检验气体时有何现象？你能得出什么结论？

② 实验成功的关键是什么？

发散思考

讨论一下植树造林和保护森林的重要性。

你知道吗？

　　美国科学家最近发现，除了植物能够利用光合作用产生能量之外，还有一些海洋微生物也能依靠光合作用而生存。美国微生物学家艾得·德隆说，这是一种转换太阳能量的新方式。人们过去从未想到海洋微生物会存在光合作用，而现在的研究发现有10%左右的海洋微生物都用这种能量转换方式来制造养分，这是另一种生物适应环境的生存方式。这一发现同时也解答了过去海洋生态系统研究中一直存在的一个疑问，即为什么海洋中的众多微生物似乎在没有什么食物来源的情况下也能够长期生存并繁衍下去。这让我们想到，将来人们可以利用海洋微生物光合作用产生能量的原理，制造出生物太阳能电池。

用用你的舌头

你能尝出甜和苦的区别吗？你能尝出酸酸的感觉和涩涩的感觉吗？你知道这些都是舌头的哪个部位感觉出来的吗？这个实验将让你彻头彻尾地感觉一下，别错过哦！

· 探索主题 ·

用舌头感知

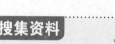

搜集资料

到图书馆或上网查找

相关资料：水、酸、碱。

提出假说

酸有酸性，在味觉上有酸酸的感觉；碱有碱性，在味觉上有涩涩的感觉。

实验材料

① 一小杯水＋醋
② 一小杯水＋小苏打
③ 一小杯水＋柠檬
④ 一小杯水＋可乐

⑤ 蒙眼睛的布
⑥ 棉花棒
⑦ 粉笔

· 实验设计 ·

一些强酸和强碱性的化学物质都具有强烈的腐蚀作用，我们不能用舌头尝试它们的味道。而我们生活中的柠檬水、橙汁、醋都是弱酸，有酸味；小苏打水是弱碱，有略涩的味道。我们可以用舌头亲自去感知它们的酸味、甜味和碱味，而且还可以了解究竟是舌头的哪个部位感知到这些味道的。

安全提示

除了生活中这些已被确认不会对人体有伤害的酸与碱外，千万不要尝试其他有腐蚀性的酸与碱。

· 实验程序 ·

❶ 将装水+醋的小杯子标上"V"，将装水+小苏打的小杯子标上"B"，将装水+柠檬的小杯子标上"L"，将装水+可乐的小杯子标上"C"。

❷ 在黑板上画出一个舌头的形状。

❸ 蒙上一个同学的眼睛，并捏住他的鼻子。用干净的棉花棒蘸一种溶液，比如醋，轻轻地用它接触受试者舌头的不同部位。让这个同学说出品尝这种溶液的感觉。哪个部位感觉最明显，就让他在黑板上舌头相对应的部位标个记号（√）。

❹ 换一根棉花棒，蘸另一种溶液，按步骤3去做。注意，每换一种溶液，都必须换一根棉花棒。

❺ 将所有的溶液尝完，并在黑板上把图画完。

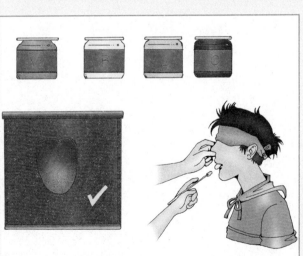

· 实验数据 ·

溶液	醋	小苏打	柠檬	可乐
感觉				

分析讨论

1 当舌头接触到含醋的水时，为什么感觉出是酸酸的？

2 当舌头接触到含小苏打的水时，为什么感觉出是涩涩的？

3 为什么每换一种溶液，都得换一根棉花棒？

发散思考

1 能不能用舌头尝试不知道成分的溶液？为什么？

2 怎样使你的味觉更加灵敏？